シン・動物ガチンコ対決

大牙の強者 セイウチ VS 大鼻の猛者 ゾウアザラシ

2022年 11月 17日　初版第1刷発行

著／ジェリー・パロッタ
絵／ロブ・ボルスター
訳／大西 昧

発行者／西村保彦
発行所／鈴木出版株式会社
〒101-0051
東京都千代田区神田神保町2-3-1 岩波書店アネックスビル5F
電話／03-6272-8001
FAX／03-6272-8016
振替／00110-0-34090
ホームページ　http://www.suzuki-syuppan.co.jp/

印刷／株式会社ウイル・コーポレーション

ブックデザイン／宮下 豊

Japanese text © Mai Oonishi, 2022 Printed in Japan
ISBN978-4-7902-3392-3 C8345 NDC489／32P／30.3×20.3cm
乱丁・落丁本は送料小社負担でお取り替えいたします。

シン・動物ガチンコ対決

大牙の強者
セイウチ

VS

大鼻の猛者
ゾウアザラシ

ジェリー・パロッタ 著
ロブ・ボルスター 絵
大西 昧 訳

すずき出版

The publisher would like to thank the following for their
kind permission to use their photographs in this book:
Photos ©: 10: mikeuk/Getty Images; 11: Kevin Schafer/Getty Images;
15: Wolfgang Kaehler/LightRocket/Getty Images; 24: Sylvain Cordier/Gamma-Rapho/Getty
Images; 25: John Eastcott and Yva Momatiuk/Getty Images.

大好きなエレン・ジレットに。── J．P.

いっしょに海辺にかよったマークとモーリーンに。── R．B.

【もくじ】

もしも、セイウチがゾウアザラシに出くわしたら、どうなるでしょう。両者が戦ったら、どんなことになるのでしょう。陸上で出会ったら？　氷の上なら？　水のなかでは？　勝つのはどちらでしょうか。

ひれ足のひみつ

アザラシやセイウチ、アシカのなかまは、陸上と水中の両方でくらすんだ。足は、水中で泳ぎやすいようにひれに変化していて、ひれ足というよ。

3

セイウチはどこにすんでいる？

太平洋側にすむセイウチ（タイヘイヨウセイウチ）と、大西洋側にすむセイウチ（タイセイヨウセイウチ）とでは、からだの大きさがちがいます。セイウチという名前は、トドやアシカを意味するロシア語の、「シヴーチ」からきているといわれています。

タイセイヨウ
セイウチ

北極地域と南極地域はどちらも氷の世界ですが、すんでいる動物はちがいます。北極地域にはペンギンはいません。ホッキョクグマがいます。セイウチもいます。

タイセイヨウ
セイウチが
すんでいるところ

北極の真上から
見た地球

北半球

アフリカ

ヨーロッパ

アジア

北極圏

大西洋

北極・
北極海

南アメリカ↘

日本

北アメリカ

太平洋

4

ゾウアザラシはどこにすんでいる？

ゾウアザラシには、北半球にすむキタゾウアザラシと南半球にすむミナミゾウアザラシとがいます。ゾウアザラシのなかまの学名は、「ミロンガ」といい、オーストラリアの先住民がこの動物につけた名前がもとになっています。

> **知ってる？**
> おとなのオスのゾウアザラシは、メスの3倍も大きいよ！

**キタ
ゾウアザラシ**

キタゾウアザラシは、北半球の、カナダ、アメリカ、メキシコの太平洋側の沿岸などにすんでいます。

北半球

キタゾウアザラシが
すんでいるところ

北極の真上から
見た地球

アフリカ

ヨーロッパ

北極圏

アジア

大西洋

北極・

南アメリカ →

北極海

日本

カナダ

北アメリカ

アメリカ

太平洋

メキシコ

太平洋にすむセイウチ

タイヘイヨウセイウチは、太平洋に面したロシアとアラスカの極北の沿岸などにすんでいます。セイウチは学名を「オドベヌス・ロスマルス」といいます。「牙で歩く、海にすむ馬のような生きもの」という意味です。

知ってる?
ひれ足の動物のことを
鰭脚類（「ひれあしるい」
とも読む）というよ。

タイヘイヨウ
セイウチ

北半球

北極の真上から
見た地球

タイヘイヨウセイウチが
すんでいるところ

アフリカ

アジア

ヨーロッパ

北極圏

ロシア

北極 ●

北極海

大西洋

日本

アラスカ

南アメリカ →

北アメリカ

太平洋

南極地域にすむゾウアザラシ

セイウチとゾウアザラシのなかで、南半球にすんでいるのは、南極地域にすむミナミゾウアザラシです。ミナミゾウアザラシの学名は、「ミロンガ・レオニア」。「レオニア」は、「ライオンのような」という意味で、ミナミゾウアザラシがライオンのようにほえることからついた名前です。

ミナミゾウアザラシ

知ってる？
南極地域には、ペンギンがいるよ。でも、セイウチはいないし、ホッキョクグマもいないんだ。

南半球

南極の真上から見た地球

ミナミゾウアザラシがすんでいるところ

オーストラリア

南極圏

南極

南極大陸

太平洋

アフリカ

大西洋

南アメリカ

7

セイウチの代表決め

タイヘイヨウセイウチもタイセイヨウセイウチも北半球にすんでいます。南半球にすんでいるミナミゾウアザラシに出会うことは現実にはありません。それなら、この本のなかで出会わせてみましょう。セイウチの代表は、からだがより大きいタイヘイヨウセイウチにしましょう。

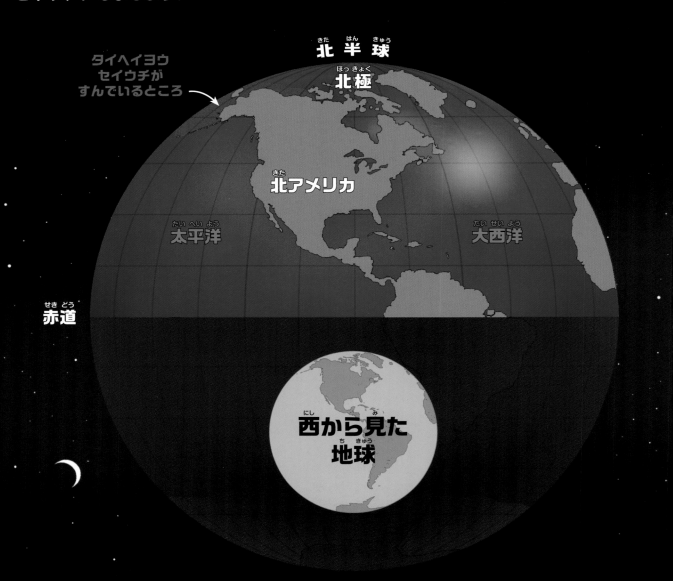

タイヘイヨウ
セイウチが
すんでいるところ

北半球

北極

北アメリカ

太平洋

大西洋

赤道

西から見た
地球

からだの大きさと体重

おとなのオスのタイヘイヨウセイウチの体重は、1800キログラムをこえることもあります。体長は、大きいものになると、3.6メートルにもなります。

3.6メートル

タイヘイヨウセイウチ
およそ1800キログラム

成人男性
およそ
70キログラム

1.7メートル

ゾウアザラシの代表決め

ゾウアザラシの代表は、ミナミゾウアザラシにします。

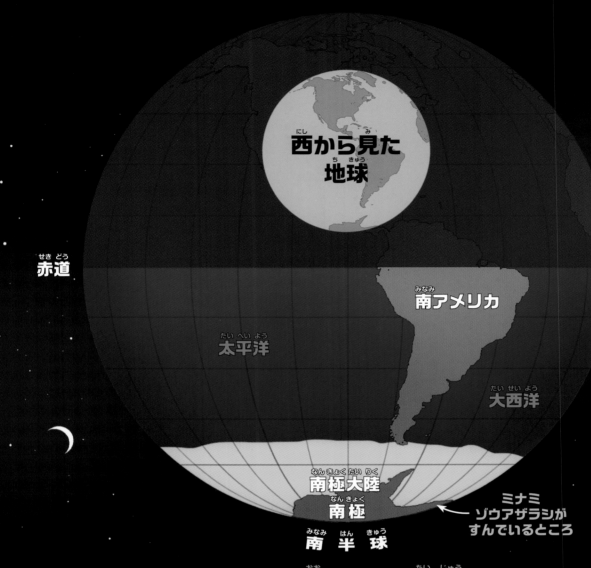

西から見た
地球

赤道

南アメリカ

太平洋

大西洋

南極大陸

南極

ミナミ
ゾウアザラシが
すんでいるところ

南半球

からだの大きさと体重

おとなのオスのミナミゾウアザラシは、体重は4000キログラム近く、体長は6メートル以上になることもあります。肉食動物のなかで、クジラのなかまをのぞくと、もっとも大型のほ乳類です。

肉食動物
ジャガーやシャチなど、おもに肉を
食べて生きている動物のこと。

小学1年生の
女の子
およそ
22キログラム

6メートル

ミナミゾウアザラシ
およそ4000キログラム

1.2メートル

9

セイウチの特徴は牙!

セイウチを見て真っ先に目がいくのは、牙です。なんと90センチメートルをこえることもあります。シャチやホッキョクグマが、セイウチの子どもをねらって襲ってきたら、この大牙で応戦します。牙はオスにもメスにもあります。

セイウチにはもうひとつ目立つ特徴があります。口のまわりの長くかたいひげです。

ひげのひみつ
セイウチはこのひげで、暗い海中や海底でも、まわりで動くものを感じとって、獲物をさがせるんだ。「感覚毛（洞毛）」というよ。

セイウチの耳は、外にはりだしている部分（耳殻）がありません。頭の側面に耳のあながあるだけです。

耳のあな

耳のひみつ
鰭脚類のなかには、耳殻があるものと、ないものがいるよ。

耳殻

ゾウアザラシの特徴は鼻！

オスのゾウアザラシを見て真っ先に目がいくのは、ゾウのようにぶらさがっている長い鼻です。おもに繁殖期に大きな音を出すのにつかいます。

鼻のひみつ
ゾウアザラシのメスは、
鼻が長くないんだよ。

ゾウアザラシにも耳殻はありません。
鰭脚類で耳殻があるのは、アシカのなかまです。

牙がすごい動物たち

セイウチのほかにも、すごい牙をもつ動物がいます。紹介しましょう。

牙のひみつ
牙は、ふつう左右に1本ずつ生えるよ。

ゾウ
陸上最大の動物です。

カバ
下のあごにするどい牙が2本あります。

バビルサ
インドネシアのいくつかの島に
すむイノシシのなかまです。
オスには、4本もの牙が生えます。

イッカク
この海の生きものの牙は1本です。

鼻がすごい動物たち

ゾウアザラシのほかにも、すごい鼻をした動物がいます。紹介しましょう。

ゾウの鼻のひみつ

ゾウの鼻は筋肉のかたまり。40000の筋肉（筋組織）でできていて、骨がないから自由自在に動くよ。ヒトのからだのおもな筋肉は600だから、とても多いね。

ゾウ

バク

テングザル

ハネジネズミ

セイウチが氷の世界でくらせる理由

セイウチのからだは、あつさ約4センチメートルの皮ふと、あつさ約10センチメートルの脂肪層におおわれています。おかげでからだの熱が逃げません。冷たい海のなかでも、自由に泳ぎまわり、氷の上でも凍えずにすわっていられるのです。

脂肪層
海でくらすほ乳類が、寒さから身をまもるために変化させたからだのつくり。

実際のあつさ

セイウチの皮ふ
約4センチメートル

セイウチの脂肪層
約10センチメートル

脂肪層のひみつ
クジラのなかまもあつい脂肪層におおわれているよ。

知ってる?
ぶあつい脂肪層は、敵や寒さから身をまもってくれるだけじゃなく、からだにエネルギーをためこめるんだ。それに、浮力が大きくなるんだよ。

浮力
水がものを上におしあげる力のこと。

14

ゾウアザラシが氷の世界でくらせる理由

ぶあつい皮ふと脂肪層におおわれているのはセイウチと同じですが、ゾウアザラシにはさらに短い毛が生えています。皮ふと毛は一年に一度新しくなります。多くのほ乳類とちがい、短い期間で一気に生えかわります。

法律

アメリカには、「海洋ほ乳類保護法」という海でくらすほ乳類を保護する法律があるよ。日本には、「種の保存法」、「動物愛護法」など生きものをまもる法律があるよ。

知ってる？

ゾウアザラシからとれる油脂は、ランプの油をつくるのによくつかわれていたんだ。

15

セイウチのからだ

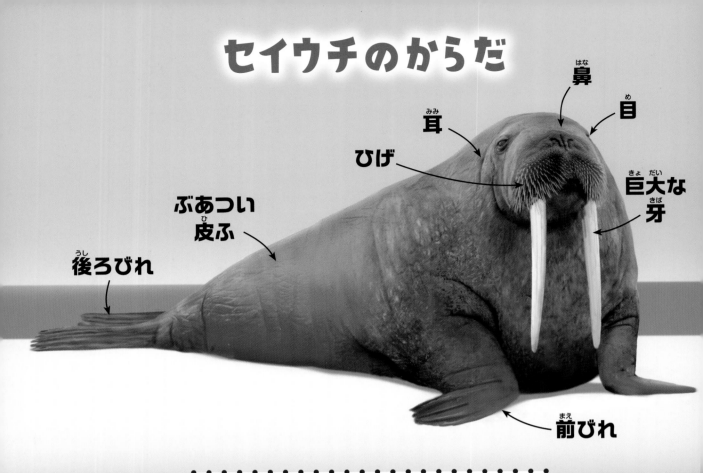

鼻

目

耳

ひげ

巨大な牙

ぶあつい皮ふ

後ろびれ

前びれ

赤ちゃんのひみつ
セイウチの赤ちゃんは、牙はまだないけれど、ひげはしっかりあるよ。

セイウチの赤ちゃん

ようこそ、地球へ、よく生まれてきたね！

誕生：春　家：北極の近く
体重：45〜75キログラム
体長：1〜1.5メートル
チャームポイント：ひげ　かわいいね！

ゾウアザラシのからだ

目

耳

長い鼻

ぶあつい
皮ふ

後ろびれ

前びれ

呼吸のひみつ
ゾウアザラシは、最長で2時間も
息をとめて水にもぐりつづけることが
できるんだ。酸素を筋肉のなかにも
ためておけるしくみが
あるらしいよ。

赤ちゃんのひみつ
ゾウアザラシの赤ちゃんはふつうの鼻をしている
よ。オスは成長とともに鼻が長くなってくるんだ。

ゾウアザラシの赤ちゃん

地球へようこそ、よく生まれてきたね！

このかわいいゾウアザラシの赤ちゃんは、
生まれたときの体重がおよそ36キログラムあったよ。

ひれ足のはたらき

アザラシのなかまはほ乳類です。でも、わたしたちのからだと大きくちがうのは足です。足がひれに変化していることです。ひれ足のつくりやつかいかたは、なかまごとに特徴があります。セイウチは、おもに後ろびれを左右に動かして進み、前びれでかじをとり、水中を自在に泳ぎます。

泳ぎかたのひみつ
セイウチと同じ鰭脚類のオットセイ。でも、セイウチとは逆に、おもに前びれで前に進み、後ろびれは方向を変えるときにつかうんだ。

呼吸のひみつ
セイウチが息をとめてもぐっていられるのは、せいぜい10分くらいなんだ。

セイウチの陸上スピード、水中スピード

セイウチは、陸上を歩くのはとくいではありません。とてもおそく、最高でも時速8キロメートルくらいです。反対に、水中はたいへんとくいで、泳ぐときの最高時速は、およそ35キロメートルです。

水中スピード

最高時速
約
8
キロメートル

陸上スピード

最高時速
約
35
キロメートル

セイウチは、アシカと同じように、前びれでからだをささえられます。後ろびれもつかって歩くこともできます。

水かきの役目

ゾウアザラシやセイウチのひれ足には5本の指があります。指の間には水かきがついています。泳ぐときは、水かきを広げて水をとらえ、かいたあとはとじて水の抵抗をへらします。

前びれ

後ろびれ

泳ぎかたのひみつ
セイウチと同じく、ゾウアザラシもおもに後ろびれで進み、前びれは方向を変えるときにつかうよ。

ゾウアザラシの陸上スピード、水中スピード

ゾウアザラシも、陸上を進むのは苦手です。がんばって時速8キロメートルほどです。でも水中はとくいで、泳ぐときの最高時速は15〜25キロメートルに達します。人間はいちばん速い水泳選手で時速8〜9キロメートルくらいですから、ほんとうに速いですね。

陸上スピード

最高時速
約
8
キロメートル

水中スピード

最高時速
約
25
キロメートル

ゾウアザラシは、前びれでからだをささえることができます

びっくりアザラシ

バイカルアザラシのひみつ
アザラシは海水にすんでいるよ。けれども、淡水にくらすものが1種だけいるんだ。ロシアのバイカル湖と、バイカル湖につながる川にすむバイカルアザラシ。ロシア語では「ネルパ」とよばれるよ。

淡水にすむ、小さなアザラシ

バイカルアザラシは、ほかのアザラシとくらべて、からだが小さなアザラシです。

バイカル
アザラシ

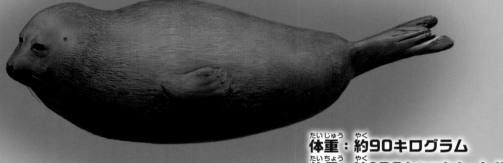

体重：約90キログラム
体長：約120センチメートル

海水にすむ、小さなアザラシ

海にすむワモンアザラシも小さなアザラシです。ワモンを漢字にすると「輪紋」。からだにわっかもようがあり、日本では、北海道の日本海側からオホーツク海側にすんでいます。

ワモン
アザラシ

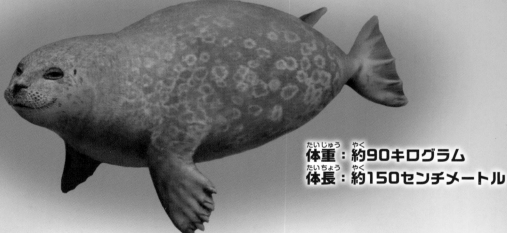

体重：約90キログラム
体長：約150センチメートル

セイウチの潜水のひみつ
セイウチがもぐるのは、80メートルくらいまでだよ。好物の貝がいる浅い海が好きなんだ。

ゾウアザラシのびっくり事実

タンカー

氷山（ひょうざん）

ゾウアザラシの潜水（せんすい）のひみつ
ゾウアザラシは、1600メートル以上（いじょう）の深海（しんかい）までもぐって、獲物（えもの）をさがすんだ。

天敵（てんてき）のひみつ
少（すこ）し前（まえ）まで、ゾウアザラシは、からだの脂肪（しぼう）からランプにつかう油（あぶら）をとるために、わたしたち人間（にんげん）によって乱獲（らんかく）され、絶滅寸前（ぜつめつすんぜん）まで激減（げきげん）していた。ゾウアザラシの天敵（てんてき）は人間（にんげん）だったんだ。

オイルランプ

絶滅（ぜつめつ）
乱獲（らんかく）などで、数（かず）がへっていき、つぎの世代（せだい）をのこすことができなくなって、地球上（ちきゅうじょう）からすがたが消えてしまうこと。

約（やく）1600メートル

セイウチの頭蓋骨と食べもの

これはセイウチの頭蓋骨です。セイウチは肉食で、大きな牙をもっていますが、貝ばかり食べています。

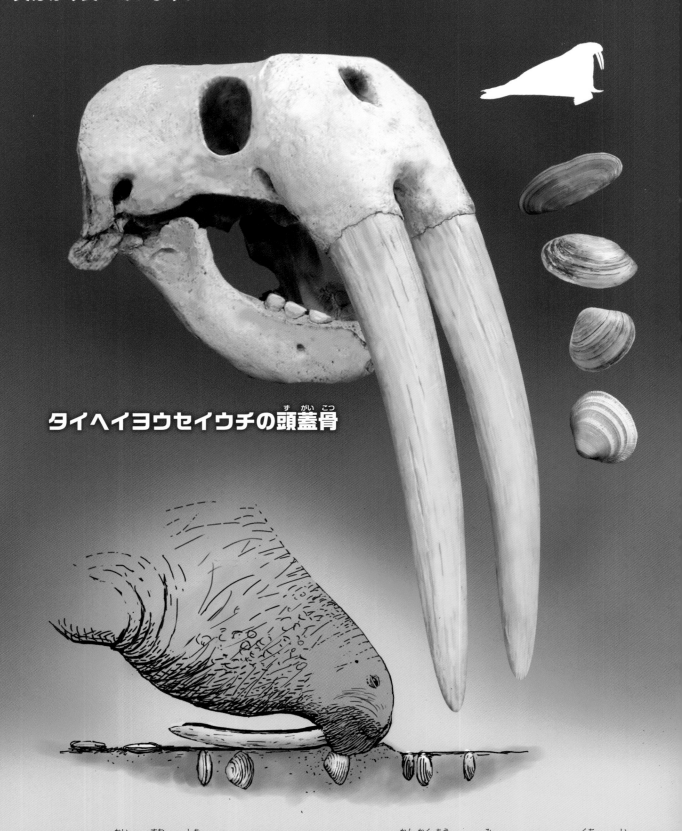

タイヘイヨウセイウチの頭蓋骨

セイウチは、貝が砂の下にもぐっていても、ひげ（感覚毛）で見つけだし、口に入れると、カラのすきまから中身を掃除機のように吸いこんで食べます。

ゾウアザラシの頭蓋骨と食べもの

これはミナミゾウアザラシの頭蓋骨です。ゾウアザラシが食べるのは、魚、イカ、サメなど。肉食です。ほかの種類の小さなアザラシも食べます。

ミナミゾウアザラシの頭蓋骨

これはホッキョクグマの頭蓋骨です。ゾウアザラシとにていますね。

ホッキョクグマの頭蓋骨

セイウチのハドル（円陣）

ホッキョクグマなどが、子どものセイウチをねらって近づいてくると、おとなのセイウチたちは、子どもを中心に円陣をつくります。これはセイウチの「ハドル」とよばれます。

子育てのひみつ
赤ちゃんがうまく泳げるようになるまでは、おぼれたりシャチに襲われたりすることがあるから、陸上で育てるんだよ。

睡眠のひみつ
セイウチは、たっぷり睡眠時間が必要らしいよ。19時間も眠りつづけることがあるんだ。

ゾウアザラシのコロニー

ゾウアザラシが陸でくらす間は、「コロニー」とよばれるとても大きな集団をつくります。この集団は「ハーレム」とよばれることもあります。1頭のオスとたくさんのメスと子どもでつくられる集団です。

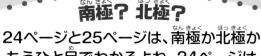

南極？ 北極？
24ページと25ページは、南極か北極か
もうひと目でわかるよね。24ページは
ホッキョクグマがいるから北極。25ページは
ペンギンがいるから南極だよ。

アザラシのなかまは、海にいるときも密集することがあります。「いかだ」のようにかたまって、シャチなどに襲われにくくしているのです。

さあ、ここからはガチンコ対決だよ！
陸上対決

陸にあがったセイウチと、ゾウアザラシが、
はねるようにからだを大きくゆらしながら、
ゆっくりと近づいていきます。
どちらも、陸上では、水中のように
すばやく動くことができません。

セイウチは、巨大な牙を槍のようにつきだして、相手に見せつけます。こんな牙で
つかれたら無事ではすみません。

けれどもゾウアザラシは、前進をやめません。体格でまさっているからです。一直線に
向かっていき、セイウチの倍近くある巨体をそのままぶつけます。セイウチは……、

地面にたおされ、ころがされ、逃れるすべがありません。

陸上対決は、ゾウアザラシの勝ちです。

28

氷上対決

海に、大きな氷が浮いています。セイウチは、牙を氷につきたてて、浮氷の上になんなくあがります。セイウチのような牙がないゾウアザラシは、セイウチのようすを見ています。

浮氷
海に浮いているとても大きな氷のかたまりのこと。

ゾウアザラシは、どうするか決めかねるように浮氷のまわりを泳いでいましたが、浮氷の上にあがることに決めました。

ですが、大きく重いからだを氷の上に引きあげることがなかなかできません。ゾウアザラシの巨体がこんどは弱点になってしまったのです。ゾウアザラシが見あげると、セイウチの巨大な牙がふりおろされ……。

この対決はセイウチの勝ち。これで両者とも1勝1敗です。

水中では、ゾウアザラシが、かせん優勢です。セイウチよりもずっと長くもくっていられるからです。体格でもまさるゾウアザラシは、重いタックルでセイウチを圧倒します。

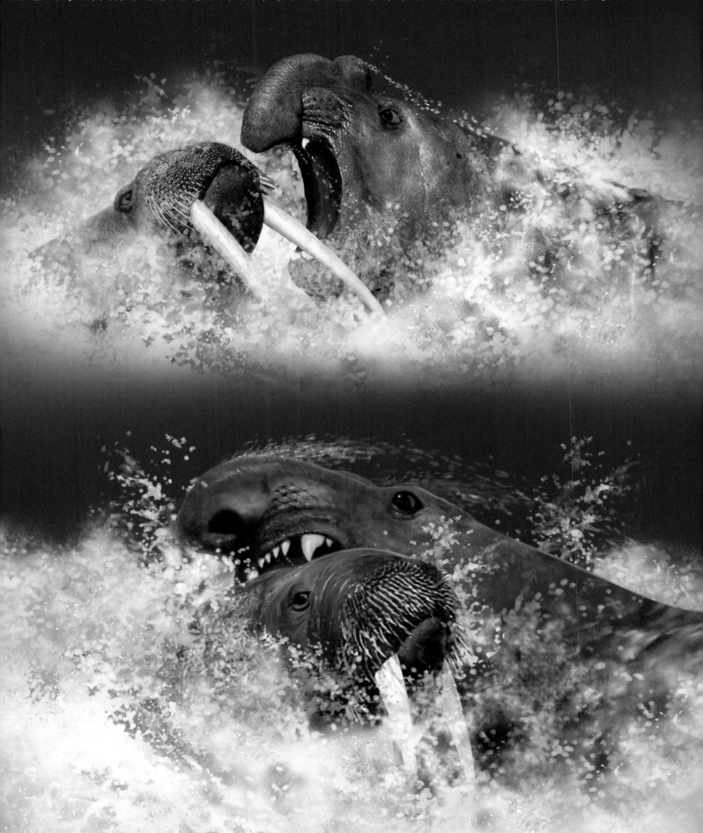

ゾウアザラシは、ふらつくセイウチにかみつきます。セイウチのぶあつい皮ふを引きさき、そのまま水中深くへ引きずりこもうとします。

ストン、ストン！ ゾウアザラシが、さらにタックルをくらわせます。セイウチは、傷が深まっていくばかり……。決着がつきました。この本での対決の結果は、ゾウアザラシが2勝1敗です。

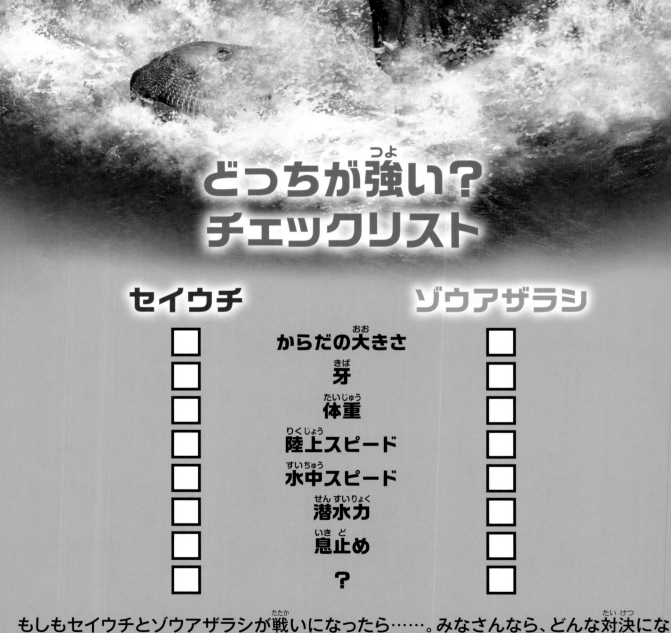

どっちが強い？
チェックリスト

セイウチ		ゾウアザラシ
☐	からだの大きさ	☐
☐	牙	☐
☐	体重	☐
☐	陸上スピード	☐
☐	水中スピード	☐
☐	潜水力	☐
☐	息止め	☐
☐	？	☐

もしもセイウチとゾウアザラシが戦いになったら……。みなさんなら、どんな対決になると思いますか。上のチェックリストを参考に、くらべてみたい項目をふやして、みなさん自身で対決ドラマをつくってみましょう。もう一度この本を読みかえしたり、ほかの本を調べたりしてみましょう。

さくいん

ジェリー・パロッタ　Jerry Pallotta

1953年生まれ。子どもたちに絵本を読んであげるようになったとき、ABC Bookといえば、[A]ppleからはじまり[Z]ebraで終わる本ばかりなのに退屈して絵本を自作したのをきっかけに、子どもの本の著作をはじめる。現在にいたるまでに、20冊以上のAlphabet bookをはじめ、"Who Would Win?"（本シリーズ）など、シンプルにしておもしろい自然科学の本を多数手がけ、数多くの賞を受賞している。

ロブ・ボルスター　Rob Bolster

イラストレーター。新聞や雑誌の広告の仕事をするかたわら、若い読者向けの本のイラストも数多く手がけている。
マサチューセッツ州ボストン近郊在住。

大西 昧（おおにし まい）

1963年、愛媛県生まれ。東京外国語大学卒業。出版社で長年児童書の編集に携わった後、翻訳家に。
主な訳書に、『ぼくはＯ・Ｃ・ダニエル』『世界の子どもたち（全3巻）』『おったまげクイズ500』（いずれも鈴木出版）などがある。